CORONAVIRUS

Lerne den Bösewicht Covid kennen

Anti-Virus-Tipps für Klein und Groß

Dieses Buch erhebt nicht den Anspruch auf Vollständigkeit, ersetzt nicht aktuelle medizinische Fachlektüre und ist keine Handlungsanweisung zur Infektionsbekämpfung. Fühlen sie sich krank, suchen sie unbedingt ärztlichen Rat.

Für alle Kinder der Welt, die diese Pandemie
durchlebt haben.
Für unsere kleinen großen Helden, ohne euch
gäbe es keine Zukunft.
DANKE!

Wer bist du wirklich?

**COVID ist hier ein Spitzname, in Wirklichkeit heißt
so die Krankheit, die
ich verursache.
Mein voller Name ist SARS-CoV-2.
Ich bin ein Corona-Virus. Ein kleines ansteckendes
Teilchen, welches im
Menschen zum Leben erwacht und sich vermehrt.**

Woher kommt dein Name?

**Corona bedeutet Krone.
Wenn man mich genau anschaut, sieht man diese
auf meiner Hülle.
Sie ist nicht nur hübsch, sondern für mich
überlebenswichtig.**

Woher kommst du?

Meine Großeltern lebten in Tieren wie Fledermäusen.

**Meine Eltern und Geschwister
lebten schon in Menschen.**

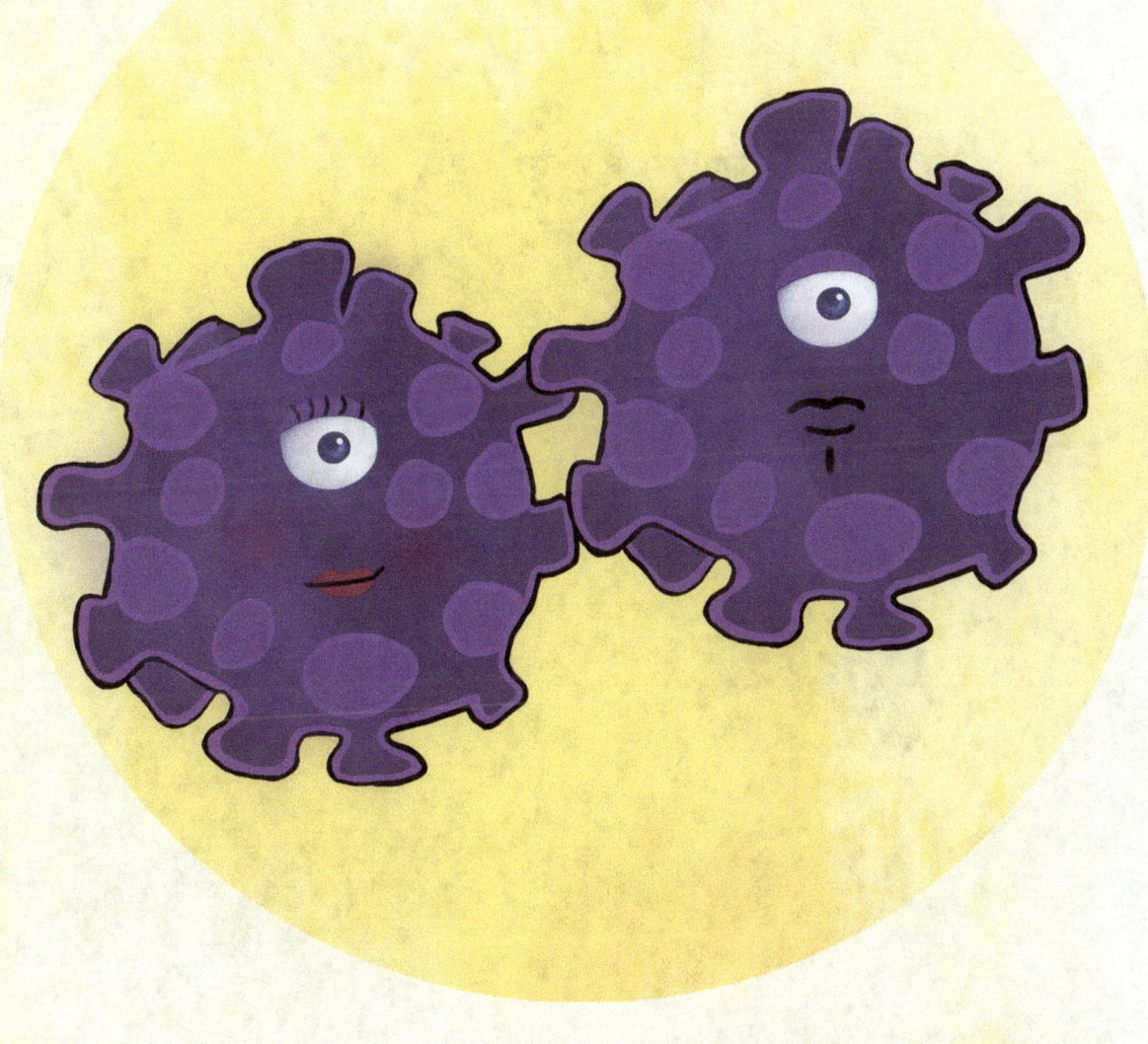

Ich wurde in China geboren, doch schon
bald reiste ich über die ganze,
weite Welt.
Inzwischen habe ich mich verändert, aber
das ist ja normal, wenn man
so viel erlebt. Auch bei uns Viren ist das
ein natürlicher Prozess.

Bist du gefährlich?

Für die meisten gesunden Kinder und Eltern bin ich nur ein böser Husten, sogar manchmal ganz unbemerkt.
Für Omas und Opas oder kranke Menschen kann ich schlimmer sein. Sie können Lungenentzündung bekommen und kriegen nur noch schlecht Luft. Dann müssen sie vielleicht lange ins Krankenhaus.

Muss ich jetzt Angst haben?

Nein. Wenn du vorsichtig bist und zuhörst was Mama und Papa dir zum Umgang mit mir sagen, musst du keine Angst haben.

Wie geht es einer Person, die krank wird?

Sie bekommt nach 1 bis 2 Wochen vor allem Husten und manchmal
Fieber, Schmerzen, schnellen Geruch- und Geschmacksverlust oder schlecht Luft.
Es kommt auch vor, dass man gar nichts davon merkt.
Man kann mich, sogar bevor man bemerkt dass man krank ist, zu einer anderen Person weitergeben.

Wie reist du von einer Person zur anderen?

– Wenn eine Person hustet oder spricht, gelange ich in Tröpfchen, wie in einem Flugzeug, zu meinem nächsten Ziel.

– Oder wenn sich zwei Menschen Küsschen geben.

– Selten gelange ich auch von Ort zu Ort, wenn du Flächen mit den Händen berührst, auf denen ich sitze und dir dann ins Gesicht fasst.

Wir sind Helden und wollen dich besiegen –

Sag uns wie!!!

1. Händewaschen. **Es ist sehr wichtig und du kannst es überall, vor allem zu Hause machen. Willst genau wissen wie? Hände mit Wasser anfeuchten und überall, auch zwischen den Fingern und auf dem Handrücken gut einseifen. Gründlich abspülen und abtrocknen. Wenn du willst, kannst du danach auch Handcreme benutzen.**

– ¿Wie lange muss ich das machen?

**Am besten ungefähr 30 Sekunden. Hast du grad
keine Uhr? Macht nix,
sing dabei einfach zweimal „Happy Birthday".**

2. Richtig Husten

Immer in die Ellenbeuge oder in ein Taschentuch husten, was du danach in den Müll wirfst und dir die Hände mit Seife wäschst.
Wie in Punkt 1 beschrieben.

Info zur Mund-Nasen-Bedeckung:
Sie schützt andere Menschen vor deinem Husten oder Niesen. Dich selbst schützt sie nicht, da ich so klein bin, dass ich durch Stoff komme oder an der Seite hinein gelange.

3. Abstand halten Ich werde von Mensch zu Mensch übertragen. Wenn die Entfernung aber zu weit ist, dann klappt das nicht mehr, da ich vorher zu Boden schwebe.
Ungefähr 4-6 Schritte Entfernung reichen beim Sprechen miteinander.
Das ist sehr ungewohnt, aber schon bald wird es dir leichter fallen.

1,5-2M

4. Lüfte dein Zuhause! Mehrmals täglich solltet ihr geschlossene Räume zusammen für einige Minuten lüften. So kommen frische Luft und gute Laune herein und ich hinaus.

Warum kann ich weder in den Kindergarten oder die Schule gehen und mich nicht mit meinen Freunden treffen... wie langweilig.

Wenn du und alle anderen auch so viel wie möglich den Kontakt reduzieren, werde ich verschwinden, weil ich die Menschen nah beieinander brauche, um von einem zum anderen zu springen.

Und was machen wir mit sooo viel Zeit zu Hause???

Hier ein paar Ideen was du mit Deinen Eltern
oder Geschwistern machen kannst.
Deiner Fantasie sind dabei keine Grenzen
gesetzt!

Wird man krank, sollte man 2 Wochen zu Hause bleiben. Was brauchst du zu Essen?

Das deutsche Bundesministerium des Inneren hat eine Liste erstellt:
- 3,5 kg Getreide, z.B. Hafermüsli mit Schokolade, Reis oder Nudeln
- 4 kg Gemüse
- 2,5 kg Früchte, frisch oder getrocknet
- 2,6 kg Milchprodukte
- 1,5 kg Fisch, Fleisch und Eier
- 20 Liter Wasser

20L

Das würde sogar für einen Erwachsenen *10 Tage* reichen und die würden dazu *2.200* kcal sagen. Freunde oder Verwandte können auch in dieser Zeit für euch etwas einkaufen und es einfach vor die Tür stellen.

Noch ein paar Sachen, die du in dieser Zeit nicht vergessen solltest:

– **Lebensmittelkonserven und Tiefkühlprodukte. Aber Vorsicht! Check das Verfallsdatum (bis wann du diese Produkte essen kannst).**

– **Dinge für das tägliche Leben wie Toilettenpapier, Seife, Zahnpasta, Batterien, wichtige Medikamente sowie deine Lieblingsspielsachen.**

Ganz wichtig! **Wir müssen uns bewusst sein, dass wir in schwierigen Zeiten alle in der gleichen Situation leben und deshalb dürfen wir nicht mehr kaufen, als wir brauchen. Wir müssen großzügig sein und auch an andere denken. Das bedeutet, wir müssen bewusst kaufen, also nicht hamstern! Sag das bitte weiter!**

Hilf deinen Eltern, die Liste zu schreiben, damit sie nichts vergessen.

Jetzt, da du so gut eingekauft hast, hier noch ein passendes Rezept zur Stärkung in diesen schwierigen Zeiten.

Tipp: Fülle die Covid-Kugeln mit Käse und mach sie noch leckerer.

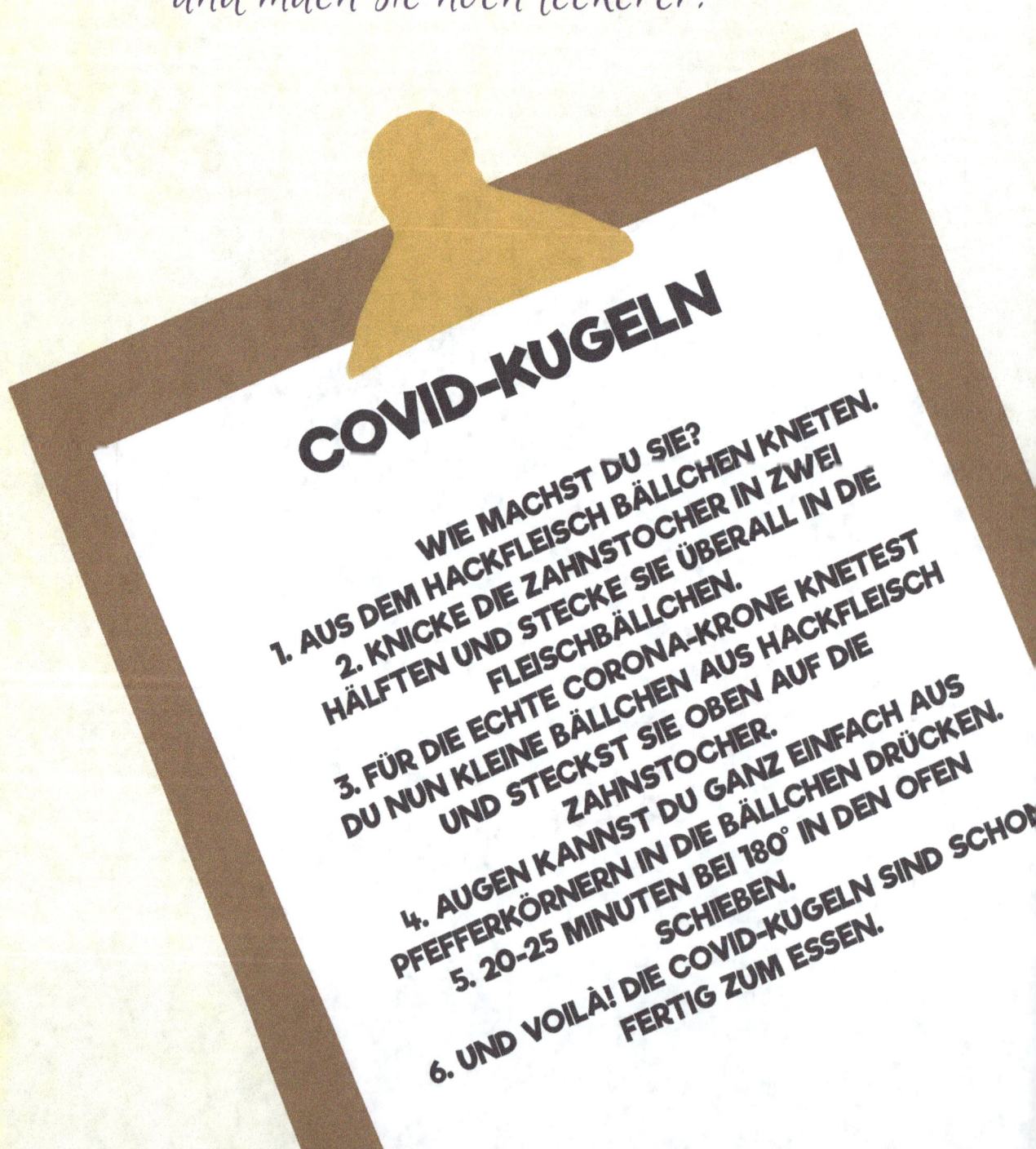

COVID-KUGELN

WIE MACHST DU SIE?

1. AUS DEM HACKFLEISCH BÄLLCHEN KNETEN.

2. KNICKE DIE ZAHNSTOCHER IN ZWEI HÄLFTEN UND STECKE SIE ÜBERALL IN DIE FLEISCHBÄLLCHEN.

3. FÜR DIE ECHTE CORONA-KRONE KNETEST DU NUN KLEINE BÄLLCHEN AUS HACKFLEISCH UND STECKST SIE OBEN AUF DIE ZAHNSTOCHER.

4. AUGEN KANNST DU GANZ EINFACH AUS PFEFFERKÖRNERN IN DIE BÄLLCHEN DRÜCKEN.

5. 20-25 MINUTEN BEI 180° IN DEN OFEN SCHIEBEN.

6. UND VOILÀ! DIE COVID-KUGELN SIND SCHON FERTIG ZUM ESSEN.

Wenn ihr alle zusammenhaltet und eure Sache gut macht, werdet ihr mich schlagen! Dann muss ich gehen, weil es all den Kindern und ihren Familien gut geht!
Dafür musst du dir Mühe mit allen Maßnahmen geben, zu Hause bleiben und auf deine Eltern hören. Das ist nicht einfach, aber die Welt wird stolz auf dich sein.
Mach weiter so!

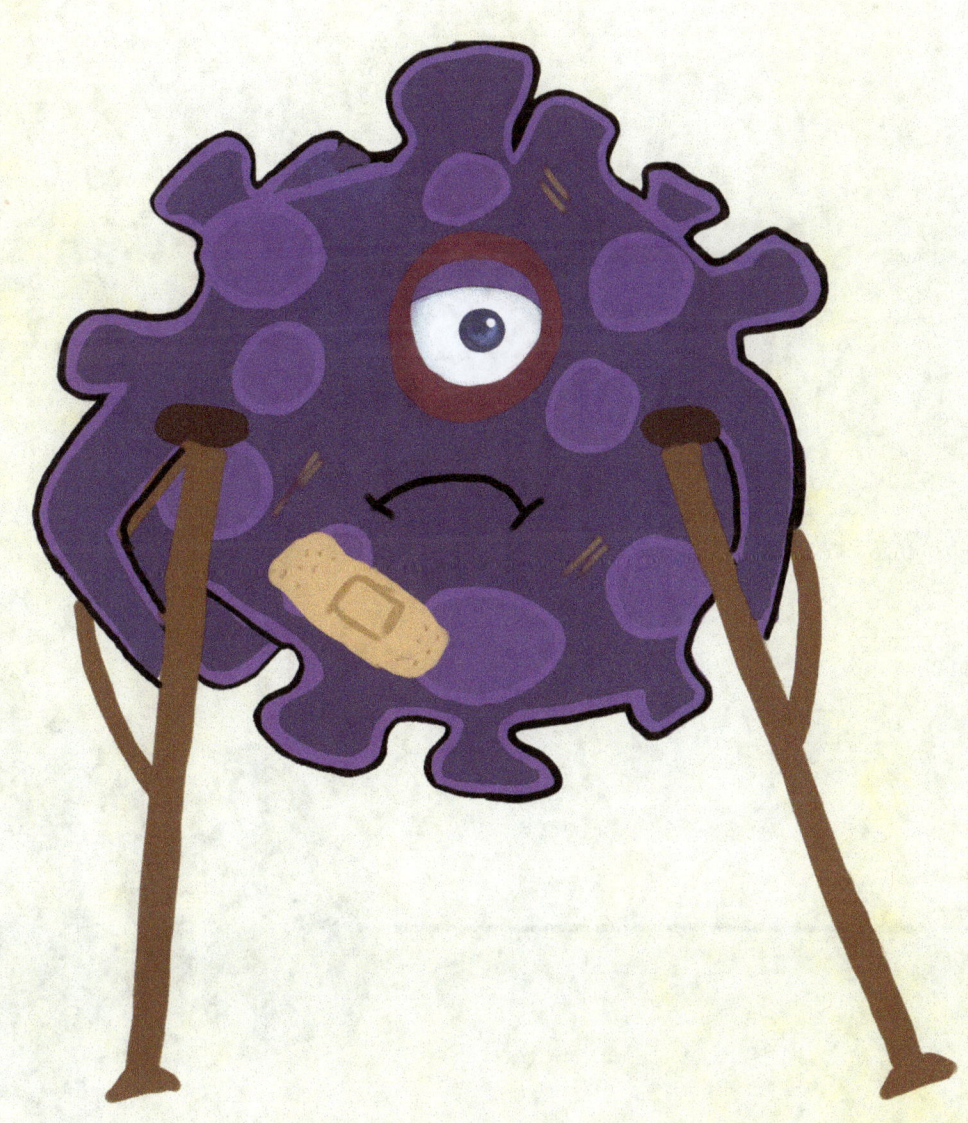

Hier kannst du mich malen: